DIE STÄRKE

Bibliographie der Weltliteratur

von

Prof. Dr. Max Ulmann

Herausgegeben vom Institut für Ernährung
Potsdam-Rehbrücke
der Deutschen Akademie der Wissenschaften zu Berlin

LIEFERUNG 14

General-Schlagwortverzeichnis

AKADEMIE-VERLAG · BERLIN

1968

Erschienen im Akademie-Verlag GmbH, 108 Berlin, Leipziger Straße 3—4

Lizenznummer: 202 · 100/492/68
Gesamtherstellung: VEB Druckerei „Thomas Müntzer", 582 Bad Langensalza
Bestellnummer: 3055/14 · ES 20 M 8, 1 E
9,—

Einleitung

Um ein schnelleres Auffinden gesuchter Themen zu erleichtern, vor allen Dingen für denjenigen, der mit der erarbeiteten Systematik des Stärkegebietes weniger vertraut ist, wurden die den einzelnen Hauptgruppen (0 - 9) der Stärke-Bibliographie angeschlossenen alphabetischen Sachverzeichnisse (Schlagwortverzeichnis) zu einem General-Schlagwortverzeichnis zusammengezogen und durch eine Anzahl weiterer Fachworte ergänzt. Dieses alphabetisch geordnete Sachverzeichnis ist nur als Hilfsmittel gedacht und soll ein Studium der erarbeiteten Systematik des Stärkegebietes nicht ersetzen. Denn nur bei Beherrschung des Aufbaues der Systematik ist eine gesicherte Übersicht über das ein bestimmtes Thema betreffende literarische Material möglich. Die zu einem Themengebiet gehörigen Arbeiten sind, woran nochmals erinnert sei, innerhalb einer Gruppe nach den Jahren des Erscheinens einer betreffenden Arbeit geordnet, wobei mit den neueren Arbeiten begonnen wurde, so daß es oft nicht notwendig ist, die ganze Gruppe durchzusehen. Zahlreiche Hinweise am Kopf der einzelnen Gruppen ermöglichen es, in anderen Gruppen eingeordnete verwandte Arbeiten aufzufinden.

Der Wichtigkeit der erarbeiteten Stärkesystematik entsprechend wird diese anschließend in vollständiger Darstellung dem alphabetisch geordneten General-Schlagwortverzeichnis vorangestellt.

Grundeinteilung der Stärkebibliographie

Hauptgruppen 0 bis 9

0. Allgemeines
1. Technologie der Kartoffelstärke
2. Technologie der Getreidestärken und sonstiger Stärkerohstoffe
3. Technologie veränderter Stärken und Stärkeabbauprodukte
4. Verwendungsgebiete der Stärke und Spezialstärkeprodukte
5. Analytische Bestimmung und Untersuchung der Stärke
6. Stärkederivate und spezielle Chemie der Stärke
7. Aufbau und Konstitution der Stärke
8. Kolloidchemie der Stärke und der Stärkelösungen
9. Enzymatische Arbeiten

Die Systematik des Stärkegebietes

Die vorliegende Systematik bringt sämtliche Haupt- und Untergruppen, wie sie sich zur Aufgliederung des gesamten Sachmaterials der aufgebauten Stärke-Bibliographie als zweckentsprechend erwiesen haben.

0. Allgemeines

01. Allgemeine Literatur
    - 011. Fortschrittsberichte
    - 012. Allgemeines
    - 013. Bücher
    - 014. Zeitschriften

02. Dokumentation und Terminologie
    - 021. Dokumentation und Information
    - 022. Terminologische Fragen

03. Die Stärke-, Stärkesirup- und Stärkezuckerindustrie verschiedener Länder, Produktion und Wirtschaft
    - 031. Stärke- und Stärkesirupindustrie
    - 032. Stärkezuckerindustrie

04. Allgemeine industrielle Probleme
    - 040. Stärkegewinnung allgemein
    - 041. Allgemein gehaltene Patente
    - 042. Technologische Fragen, Fortschritte der Stärkegewinnung
    - 043. Schaum und Schaumbekämpfung
    - 044. Mikroflora der Stärke (Keimgehalt)
    - 045. Lagerung und Transport
    - 046. Rohstofffragen
    - 047. Arbeitsschutz, Staubexplosionen

05. Stärke- und Stärkezuckerhandel
    - 050. Allgemeines
    - 051. Stärke im Innen- und Außenhandel Deutschlands

052. Stärke im Handel europäischer Staaten (außer Deutschland)

053. Stärke im Handel überseeischer Staaten

054. Stärkezuckererzeugung und -Verkehr in Deutschland

055. Stärkezucker im Handel verschiedener Staaten (außer Deutschland)

056. Steuern und Zölle

06. <u>Gesetzliche Bestimmungen</u>

060. Allgemeine Bestimmungen

061. Standardisierungsfragen

062. Standards verschiedener Staaten

07. <u>Forschung und Forschungsstätten</u>

08. <u>Tagungen und Gesellschaftsberichte</u>

09. <u>Geschichtliche Fragen</u>

091. Zur Geschichte der Stärke

092. Literatur vor 1865

1. Technologie der Kartoffelstärke

10. <u>Allgemeines</u>

100. Allgemeine Arbeiten zur Kartoffelstärkegewinnung

101. Allgemein gehaltene Patente

102. Technologische Fragen, Stärkegewinnungsanlagen

11. <u>Das Ausgangsmaterial: die Kartoffel</u>

110. Allgemeines

1101. Allgemeine Fragen

1102. Die Kartoffel im Hinblick auf ihre technologische Verwertung

111. Kartoffelanbau

1111. Anbau und Sortenzüchtung

1112. Einfluß von Düngemitteln

112. Physiologie der Kartoffel

113. Stärkegehalt und Umweltbedingungen

114. Aufbau und allgemeine Zusammensetzung der Kartoffel

115. Eiweiß und Aminosäuren

116. Vitamine

1161. Vitamin C

1162. Sonstige Vitamine

117. Alkaloide (Solanin)

118. Sonstige organische Verbindungen

1181. Fette und Lipoide

1182. Organische Säuren

1183. Pektin

1184. Kohlenhydrate, Zucker

1185. Sonstige Kartoffelinhaltsstoffe

119. Phosphorverbindungen und weitere Aschebestandteile

12. Lagerung und Reinigung der Kartoffel

121. Lagerung und Lagerschäden

122. Reinigung

13. Kartoffelzerkleinerung und Auswaschen der Stärke

131. Kartoffelzerkleinerung (Reibsel)

132. Auswaschen der Stärke

133. Stärkeauswaschapparate und Siebe, Patente

14. Gewinnung von Rohstärke allgemein

141. Abtrennung der Stärke (Patente)

142. Arbeiten über Trennschleudern und Separatoren

143. Patente über Trennschleudern und Separatoren

144. Hydrozyklone

15. Reinigung der Rohstärke

151. Reinigung von Kartoffelstärke

152. Allgemein gehaltene Arbeiten

153. Allgemein gehaltene Patente

154. Absetzanlagen für Kartoffelstärke

155. Allgemein gehaltene Arbeiten und Patente über Absetzanlagen (Fluten)

156. SO_2 und andere Zusätze

16. Trocknen der Stärke

160. Allgemeines

161. Patente: Trocknen der Stärke

162. Lufttrocknung (Horden-, Band-, Teller- u. a. Trockner)

163. Vakuumtrocknung

164. Pneumatische Schnelltrocknung

165. Hochfrequenztrocknung

166. Infrarottrocknung

17. Nachbehandlung der Stärke
    171. Sichten
    172. Bleichen
    173. Haltbarmachen

18. Nach- und Nebenprodukte der Kartoffelstärkeindustrie (Abwässer)
    180. Allgemeines
    181. Gewinnung von Stärke und Alkohol aus Kartoffeln
    182. Kartoffelfruchtwasser
        1821. Bedeutung und Verwertung
        1822. Gewinnung von Kartoffelfruchtwasser
        1823. Eiweißgewinnung (Futtermittelgewinnung)
        1824. Kultur von Futterhefen
        1825. Aminoverbindungen
    183. Pülpe
    184. Abwässer, Reinigung und Verwertung

19. Betriebskontrollen
    191. Qualität und technische Kontrollen
    192. Stärkegehaltsbestimmung von Kartoffeln und Ausbeuteberechnung
    193. Pülpeuntersuchung
    194. Untersuchung der Schlammstärke
    195. Stärkemilchtabellen
    196. Ausgiebigkeit, Ergiebigkeit
    197. Weißgehalt und Aussehen

2. Technologie der Getreidestärken und sonstiger Stärkerohstoffe

20. Gemeinsames zur Gewinnung von Getreidestärken
    200. Allgemeines
    201. Das Getreidekorn und seine Bestandteile
    202. Fragen der Stärkegewinnung
    203. Patente
    204. Trocknung und Nachbehandlung der Stärke
    205. Kleber

21. Weizenstärke
    210. Allgemeines
    211. Das Weizenkorn und seine Bestandteile
    212. Fragen der Stärkegewinnung
    213. Patente
    214. Weizenkleber
    215. Nebenprodukte und Abwasserfragen
    216. Betriebskontrollen und Eigenschaftsuntersuchungen

22. Roggenstärke
    221. Fragen der Stärkegewinnung
    222. Sonstiges

23. Gerstenstärke
    231. Fragen der Stärkegewinnung
    232. Sonstiges

24. Maisstärke
    240. Allgemeines
    241. Das Maiskorn und seine Bestandteile
    242. Fragen der Stärkegewinnung
    243. Patente
    244. Einweichen, Entkeimen und Naßmahlung
        2441. Einweichen und Quellwasser
        2442. Entkeimen
        2443. Naßmahlung
    245. Trocknung und Nachbehandlung der Stärke
    246. Maiskleber
    247. Nebenprodukte und Abwasserfragen
    248. Betriebskontrollen und Eigenschaftsuntersuchungen

25. Reisstärke
    250. Allgemeines
    251. Das Reiskorn und seine Bestandteile
    252. Fragen der Stärkegewinnung
    253. Patente
    254. Nebenprodukte

26. Hirsestärke
    260. Allgemeines
    261. Das Hirsekorn und seine Bestandteile
    262. Fragen der Stärkegewinnung

27. <u>Maniokastärke</u>
  270. Allgemeines
  271. Die Maniokawurzel und ihre Bestandteile
  272. Fragen der Stärkegewinnung
  273. Betriebskontrollen und Eigenschaftsuntersuchungen

28. <u>Batatenstärke</u>
  280. Allgemeines
  281. Die Batate und ihre Bestandteile
  282. Fragen der Stärkegewinnung
  283. Betriebskontrollen und Eigenschaftsuntersuchungen

29. <u>Weitere tropische Stärken</u>
  290. Allgemeines
  291. Marantastärke
  292. Sagostärke
  293. Sonstige Arrowroot-Stärken

3. Technologie veränderter Stärken und Stärkeabbauprodukte

30. <u>Allgemeines</u>
  301. Stärkeprodukte, allgemein, Patente
  302. Abbauprodukte, allgemein, Patente
  303. Umwandlungsprodukte, allgemein, Patente

31. <u>Geformte Produkte</u>
  311. Sago und Tapioka
  312. Granulierte Stärke, Grieß
  313. Flocken
  314. Blöcke, Tafeln, Strahlenstärke
  315. Sonstiges

32. <u>Quellstärke</u>
  321. Herstellung, Patente
  322. Untersuchung

33. <u>Lösliche Stärke</u>
  331. Fragen der Herstellung
  332. Patente
  333. Untersuchung, Prüfung

- 34. <u>Amylose und Amylopektin</u>
  - 341. Fraktionierung
  - 342. Amylose
  - 343. Amylopektin
- 35. <u>Sonstige modifizierte Stärken</u>
  - 351. Puddingmehl, Speisestärken
    - 3511. Fragen der Herstellung
    - 3512. Patente
    - 3513. Eigenschaften, Untersuchung
  - 352. Kleister und Pasten
  - 353. Gelatinierte Stärken, Gele
  - 354. Dickkochende und dünnkochende Stärken
  - 355. Verschiedene Lösungen
  - 356. Kristallstärke
  - 357. Freifließende Stärkemehle
  - 358. Wasserwiderstandsfähige Stärken
  - 359. Verschiedenes
- 36. <u>Dextrine</u>
  - 360. Allgemeines
  - 361. Fragen der Herstellung
  - 362. Patente
  - 363. Eigenschaften, Untersuchung
- 37. <u>Stärke-Hydrolyselösungen</u>
  - 370. Allgemeines
  - 371. Hydrolyse von Stärke, Patente
  - 372. Hydrolyse von stärkehaltigen Materialien, Patente
  - 373. Kontinuierliche Hydrolyse von Stärke
  - 374. Reinigung der Lösungen
    - 3741. Reinigungsverfahren, allgemein
    - 3742. Ionenaustauscher
    - 3743. Aktivkohle
    - 3744. Sonstige Reinigungsoperationen
  - 375. Eigenschaften, Untersuchung
- 38. <u>Stärkesirup</u>
  - 380. Allgemeines
  - 381. Herstellung von Stärkesirup

3811. Fragen der Herstellung
3812. Patente
3813. Spezielle Maisstärkesirupe
3814. Spezielle Sirupe
382. Reinigung
383. Trockensirup
384. Eigenschaften
385. Untersuchung allgemein
386. Zusammensetzung der Kohlenhydrate
387. Beimengungen, Fremdstoffe

39. <u>Dextrose (D-Glucose)</u>
390. Allgemeines
391. Herstellung von Dextrose
3911. Fragen der Herstellung
3912. Patente
3913. Spezielle Maisstärkedextfose
3914. Spezielle andere Dextrosen
392. Reinigung
3921. Verschiedenes
3922. Ionenaustauscher
393. Kristallisation und kristallisierte Dextrose
394. Doppelverbindung Glucose-NaCl
395. Dextrose-Mutterlauge (Hydrol)
396. Eigenschaften, Verhalten
397. Untersuchung, Bestimmung
398. Sonstiges

4. Verwendungsgebiete der Stärke und Spezialstärkeprodukte

40. <u>Allgemeines</u>

41. <u>Nahrungs- und Genußmittelindustrie</u>
410. Allgemeines
411. Ernährung und Nährwert
4111. Allgemeines
4112. Verdaulichkeit, Verdauung
4113. Stärke und Organismus
4114. Dextrine und Ernährung
4115. Kohlenhydrate und Proteine

4116. Spezielle Fütterungsversuche
4117. Nährwert
4118. "Stärkewert" und Futtermittelnährwert
412. Nähr- und Nahrungsmittel
4121. Allgemeines
4122. Nähr- und Nahrungsmittel
4123. Kindernährmittel, Säuglingsnahrung
4124. Puddings, Nachspeisen
4125. Sonstige stärkeenthaltende Produkte
413. Nahrungsmittel aus Kartoffeln
4131. Allgemeines
4132. Vorbehandlungen
4133. Trockenkartoffeln
4134. Kartoffelflocken
4135. Kartoffelwalzmehl
4136. Verschiedenes
414. Müllerei und Bäckerei
4141. Allgemeines
4142. Mehl
4143. Brotteige und Kleber
4144. Brot im Zusammenhang mit der Stärke
4145. Altbackenwerden von Brot
4146. Backhilfsmittel
4147. Backpulver
4148. Fein- und Dauergebäck, Spezialgebäck
415. Gärungsindustrie
4151. Verkochung und sonstige Vorbehandlung stärkehaltiger Stoffe
4152. Patente
4153. Allgemeines, Brennerei
4154. Sake
4155. Bierbrauerei
416. Stärke und Stärkeprodukte bei Fleischwaren
417. Dextrin, Stärkesirup, Glucose und Stärkederivate als Zusatzmittel
4171. Allgemeines
4172. Süß- und Konditoreiwaren
4173. Speiseeis
4174. Marmeladen und Fruchtkonserven

4175. Getränke
4176. Verschiedenes
418. Stärke als Streckungs- und Verfälschungsmittel
4181. Kaffee, Kaffeeersatz
4182. Kakao, Kakaoersatz
4183. Konserven
4184. Stärke bei Fettprodukten
4185. Mayonnaise
4186. Käse
4187. Gewürze, Aromen
4188. Stärke als Stabilisator
4189. Sonstiges
419. Futtermittel
4191. Stärke als Futtermittel und Futtermittelzusatz
4192. Kartoffeln als Futtermittel
4193. Pülpe als Futtermittel

42. <u>Textilindustrie</u>
420. Allgemeines
421. Schlichterei
422. Schlichtestärken - Patente
423. Schlichten und Entschlichten
424. Appretieren, Ausrüsten
425. Appreturstärke - Patente
426. Untersuchung und Beurteilung von Textilstärken
427. Wäschestärke, auch Untersuchung
428. Zeugdruck und Druckfarben
429. Imprägnierungen

43. <u>Papierindustrie</u>
430. Allgemeines
431. Papier und Stärke
432. Herstellung von Papiermacherstärke
433. Untersuchung und Beurteilung von Papiermacherstärke
434. Leimung von Papier
435. Überzogene und gestrichene Papiere
436. Verschiedene Papierzusätze
437. Spezielle Papiersorten
438. Wellpappe
439. Papierklebstoffe, Klebpapiere

44. <u>Klebstoffindustrie</u>
  440. Allgemeines
  441. Herstellung - Patente
  442. Holzleime
  443. Klebstoffe für spezielle Zwecke
  444. Klebstoffe für Farben (Malerleim)
  445. Untersuchung und Beurteilung

45. <u>Pharmazie, Medizin, Reinigungsmittel</u>
  450. Allgemeines
  451. Pharmazeutische Praxis
    4511. Allgemeines
    4512. Tabletten und Pillen
    4513. Puder
    4514. Salben, Pasten
    4515. Stärkeschwämme
    4516. Kosmetische Erzeugnisse
    4517. Arzneimittel und Spezialpräparate
    4518. Verschiedenes
  452. Medizin und Stärke
  453. Kulturböden, Nährmedien
  454. Seifen, Reinigungs- und Poliermittel

46. <u>Bergbau, Metallurgie, Erdöl- und Brennstoffindustrie</u>
  461. Sprengstoffe
  462. Flotationsmittel
  463. Gießereiformen und sonstige metallurgische Verwendung
  464. Beizzusätze
  465. Elektrolyse
  466. Bohrflüssigkeiten
  467. Brennstoffbindemittel

47. <u>Verschiedene Industrien und Gewerbe</u>
  471. Bauwirtschaft, Baumaterialien, Feuerschutzmassen
  472. Landwirtschaft (Boden, Schädlinge)
  473. Klär- und Flockungsmittel, Wasserreinigung (Abwasser)
  474. Kunstfaser-Spinnerei
  475. Filmherstellung - Patente
  476. Überzüge, Lacke
  477. Druckerei
  478. Gerberei

479. Photographie

48. Stärke als sonstiges Hilfsmittel

481. Bindemittel

482. Füllmittel

483. Füllmittel bei galvanischen Elementen

484. Schutzkolloid

485. Kesselspeisewasser

486. Zusatz zu Emulsionen

487. Weitere Verwendungsgebiete

49. Stärke in der Analytik

490. Allgemeines

491. Stärke als jodometrischer Indikator

492. Jodometrische Bestimmungen

493. Jod-, Jodid- und Jodatbestimmungen

494. Jod-Stärke-Reaktionen bei sonstigen analytischen Verfahren

495. Stärkesäulen für die Chromatographie

496. Stärkegelelektrophorese

497. Sonstiges

5. Analytische Bestimmung und Untersuchung der Stärke

50. Qualitativer Stärkenachweis

501. Farbreaktionen der Stärke

502. Identifizierung und Unterscheidung verschiedener Stärkearten

51. Methoden der Stärkebestimmung

510. Allgemeines, Vergleich verschiedener Methoden

511. Polarimetrische Methoden

512. Colorimetrische Methoden

513. Volumetrische Methoden

514. Gravimetrische Methoden

515. Anwendung der Säure-Hydrolyse

516. Anwendung der enzymatischen Hydrolyse

517. Verschiedenes

52. <u>Stärkebestimmung in verschiedenen pflanzlichen Materialien</u>

520. Pflanzen allgemein
521. Kartoffeln
522. Getreide
523. Verschiedene Früchte
524. Blätter
525. Holzartige Gewebe

53. <u>Stärkebestimmung in Nahrungsmitteln</u>

530. Allgemeines
531. Kartoffelerzeugnisse
532. Mehl und sonstige Getreideprodukte
533. Brot und sonstige Backwaren
534. Fleischwaren
535. Milchprodukte und Margarine
536. Gemüse, Gemüsekonserven
537. Marmeladen

54. <u>Stärkebestimmung in sonstigen Eßwaren</u>

541. Schokolade und Süßwaren
542. Mayonnaisen
543. Gewürze
544. Sonstige Nahrungs- und Genußmittel
545. Hefe
546. Malz und Maische
547. Futtermittel

55. <u>Stärkebestimmung in verschiedenen stärkeenthaltenden Materialien</u>

550. Allgemeines
551. Papier
552. Schlichten, Appreturen, Textilien
553. Pharmazeutische Präparate
554. Sonstiges

56. <u>Analytische Stärkekennzeichnung</u>

561. Wassergehalt
5611. Allgemeines und Grundsätzliches
5612. Trockenschrank-Methode
5613. Infrarot-Trocknung
5614. Karl-Fischer-Methode

5615. DK-Methode

5616. Sonstige Methoden

5617. Wasserbestimmung in Mehl und Getreide

562. Phosphor, Phosphorsäure

563. Säuregehalt, allgemein und SO_2

564. pH-Wert

565. Asche, Sand

566. Alkalilabilität

567. Blau-Wert

568. Beschädigte Stärkekörner

57. Nachweis und Bestimmung von Stärkeabbauprodukten

570. Allgemeines

571. Stärkesirup

572. Dextrine

573. Dextrose (Glucose) und Maltose

574. Allgemein reduzierende Zucker und sonstige Zucker

575. Säulenchromatographie (Kohle, Ionenaustauscher) von Zuckern

576. Papierchromatographie von Zuckern

58. Bestimmung von Stärkebegleitstoffen

581. Cellulose, Rohfaser

582. Kleber, Proteine, Aminosäuren

583. Fette und Lipoide

584. Sonstiges

59. Nachweis und Bestimmung sonstiger Polysaccharide

590. Allgemeines

591. Glykogen

592. Inulin

593. Lichenin

6. Stärkederivate und spezielle Chemie der Stärke

60. Allgemeines

601. Stärkederivate, Übersichten, Allgemeines

602. Stärkederivate, allgemein gehaltene Patente

61. Organische Derivate, Äther und Ester

610. Allgemeines

611. Stärkeäther (außer Methyl- und Allylstärke)

6111. Herstellung, Eigenschaften, Bestimmung
6112. Patente
6113. N enthaltende Äther
612. Methylstärken
613. Allylstärken
614. Stärkeester (außer Acetylstärke)
6141. Herstellung, Eigenschaften
6142. Patente
615. Acetylstärken
616. Stärke und Formaldehyd
617. Sonstige organische Stärkederivate

62. Stärke und Alkali
621. Stärke-Alkali
622. Stärkexanthogenate
623. Alkaliabbau von Stärke

63. Ester mit anorganischen Säuren
630. Allgemeines
631. Nitrostärken, Salpetersäureester
6311. Herstellung, Eigenschaften, Bestimmung
6312. Patente
632. Schwefelsäureester
633. Phosphorsäureester

64. Stärke und Halogene
640. Allgemeines
641. Jod-Stärke
6411. Allgemeines
6412. Charakterisierung bestimmter Stärken durch Jod
6413. Reaktions- und Konstitutionsfragen
6414. Absorptionsspektrum der Jodstärke
6415. Jod-Farbgebung mit anderen Stoffen
642. Chlor-Stärke und Halogen-Calcium-Stärke
643. Sonstige Halogen-Stärke-Verbindungen

65. Hydrolyse
650. Allgemeines
651. Hydrolyse durch anorganische Säuren
652. Hydrolyse durch Salze
653. Hydrolyse durch organische Verbindungen
654. Hydrierung und Hydrolyse

655. Hydrolyse durch Erhitzen und Druck
656. Gewinnung bestimmter Hydrolysenprodukte
657. Untersuchung und Nachweis von Hydrolysenprodukten
658. Hydrolyse sonstiger Kohlenhydrate

66. <u>Oxydation</u>
660. Allgemeines, Übersichten, Patente
661. Perjodat-Oxydation (Dialdehydstärken)
662. Wasserstoffperoxyd-Oxydation
663. Oxydation durch Halogene und Halogensäuren
664. Oxydation durch Chromsäure
665. Sonstige Oxydationsmittel
666. Untersuchung von Oxystärken
667. Oxydationsprodukte

67. <u>Stärke und Proteine und sonstige N-Verbindungen</u>
671. Stärke-Protein
672. Kohlenhydrate und Aminosäuren (Maillard-Reaktion)
673. Verschiedene N-haltige Stärkeverbindungen

68. <u>Sonstige Stärkereaktionen</u>
681. Einschlußverbindungen
682. Pfropfcopolymere
683. Kondensationsprodukte, Kunstmassen
684. Verschiedene Reaktionen

69. <u>Zucker und andere Abbauprodukte der Stärke</u>
691. Zucker, Zuckersäuren
692. Sonstige niedere Abbauprodukte der Stärke

7. Aufbau und Konstitution der Stärke

70. <u>Allgemeine Konstitutionsfragen</u>
701. Hochpolymere allgemein
702. Kohlenhydrate allgemein
703. Polysaccharide, Oligosaccharide, Zucker
704. Cellulose und Stärke
705. Stärke: Übersichten

71. <u>Das Stärkekorn</u>
710. Allgemeines
711. Kornbildung, Entwicklung, Wachstum

712. Korngröße und ihre Bestimmung

713. Chemische Bestandteile des Stärkekornes

714. Spezielle mikroskopische Strukturuntersuchungen

7141. Allgemeines zur mikroskopischen Technik

7142. Polarisationsmikroskopische Untersuchungen

7143. Mikroskopische Kennzeichnung von Stärkekörnern

7144. Mikroskopische Untersuchung beschädigter (korrodierter) Körner

7145. Submikroskopische Strukturen (Elektronenmikroskopie)

7146. Mikroskopische Verfolgung der Stärkequellung

715. Aufbau und innere Struktur der Stärkekörner

7151. Innere Strukturierung des Stärkekornes

7152. Spezielle Probleme der Schichtung und der Kornhülle

7153. Das Wasser im Stärkekorn

7154. Quellung

7155. Ionenaustausch, Kationenstärke

716. Sorptionseigenschaften des Stärkekornes

7161. Allgemeines und Nichtstärkesubstanzen

7162. Wasseradsorption (Hydratation) bei Stärke

7163. Farbstoffadsorption

7164. Sonstige Sorptionserscheinungen

72. Bildung und Biologie der Stärke im pflanzlichen Organismus

720. Allgemeines

721. Photosynthese

722. Stärkebildung allgemein

723. Stärkebildung und Vorkommen in bestimmten Pflanzen

7231. Kartoffeln und sonstige Knollengewächse

7232. Getreide

7233. Leguminosen

7234. Kastanien (Roßkastanien und echte Kastanien)

7235. Zuckerrohr

7236. Wurzeln, Rhizome, Zwiebeln

7237. Früchte und Samen

7238. Hölzer (Rinden)

7239. Sonstiges

724. Kohlenhydratstoffwechsel im pflanzlichen Organismus unter Normalbedingungen

7241. Allgemeiner Überblick und einzelne Pflanzen

7242. Kartoffeln und sonstige Knollengewächse

7243. Getreide

7244. Leguminosen

725. Verhalten der Stärke in der Pflanze unter besonderen Bedingungen

7251. Temperatur und Stärkebildung

7252. Düngung und Kohlenhydratstoffwechsel

7253. Chemische Einwirkung auf Pflanzen

7254. Stärkegehalt und Krankheiten

7255. Sonstige Einflüsse

73. Chemische Konstitution der Stärkekohlenhydrate

730. Allgemeines

731. Stärke allgemein, verschiedene Bindungen

732. Chemische Konstitution der Stärke bestimmter Pflanzen

733. Chemische Strukturbestimmungsmethoden: Methylierung, Oxydation, Abbau, Endgruppenbestimmung

734. Sonstige chemische Stärkereaktionen und Konstitution

735. Enzymatischer Auf- und Abbau der Stärke

74. Fraktionierung der Stärke

740. Allgemeines

741. Stärketeilpräparate (außer Amylose und Amylopektin)

742. Fällungs- und Lösungs-Trennung von Amylose und Amylopektin

743. Elektrodialyse, Elektrophorese, Kataphorese, Ionophorese

744. Chromatographische Fraktionierung

75. Amylose

750. Allgemeines

751. Hochamylosehaltige Stärken

752. Isolierung, Fraktionierung, Reinigung

753. Verhalten, Struktur, Molekulargewicht

754. Nachweis und Gehaltsbestimmung

755. Kristallisierte Amylose

756. Amylose-Komplexe

757. Amylose-Jod-Verbindungen

758. Amylose-Derivate

759. Sonstiges

76. Amylopektin

760. Allgemeines

761. Waxy-Stärken und andere spezielle Amylopektinstärken

762. Kartoffelstärkeamylopektin

763. Isolierung, Fraktionierung, Reinigung
764. Verhalten, Struktur, Molekulargewicht
765. Amylopektin-Jod-Verbindung
766. Sonstiges

77. Konstitutionsaufklärung mit physikalischen Methoden
770. Allgemeines
771. Röntgenographische Untersuchungen
772. Absorptionsspektralanalyse
773. Einwirkungen verschiedenster Art
774. Teilchengröße und Molekulargewicht nach physikalisch-chemischen Methoden

78. Konstitution von Dextrinen und anderen Abbauprodukten
781. Dextrine allgemein
782. Röstdextrine
783. Schardinger-Dextrine
784. Polyamylosen, niedere Amylosen

79. Artfremde Stärken und stärkeähnliche Kohlenhydrate
791. Algenstärke (Florideenstärke)
792. Flechtenstärke (Lichenin)
793. Inulin
794. Kohlenhydrate bei Pilzen und Bakterien
795. Glykogen
796. Sonstige Polysaccharide, auch synthetische

8. Kolloidchemie der Stärke und der Stärkelösungen

80. Allgemeines

81. Physikalisch-chemische Konstanten und Kolloidwirkung der Stärke
810. Allgemeines
811. Dichte, spezifisches Gewicht
812. Benetzungswärme, spezifische Wärme, Lösungswärme
813. Spezielle Kolloidwirkungen
814. Sonstiges

82. Physikalische Einwirkungen auf Stärke
820. Allgemeines
821. Mechanische Einwirkungen

822. Ultraschall

823. Ionisierende Strahlen

824. Ultraviolett und polarisiertes Licht

825. Thermische Einwirkungen, > Temperatur

826. Kryolyse, < Temperatur

827. Elektrische Einwirkungen

83. Eigenschaften von modifizierten Stärken

830. Allgemeines

831. Quellstärken

832. Lösliche Stärken

833. Dünnkochende Stärken

834. Dextrine

84. Stärkelösungen

840. Allgemeines

841. Lösungsmittel und Löslichkeit

842. Lösungsvorgang und Lösungszustand

843. Eigenschaften

844. Osmotischer Druck, Dampfdruck

85. Stärke-Kleister, -Gele (Filme)

850. Allgemeines

851. Verkleisterungsvorgang

852. Verkleisterungstemperatur

853. Kleistereigenschaften

854. Stärke-Gele und Gelatinierung

855. Stärke-Filme und -Fäden

86. Stabilität und Empfindlichkeit von Stärkesystemen

860. Allgemeines

861. Suspensionen und Sedimentation

862. Alterung (Retrogradation)

863. Flockung durch Zusätze

864. Flockung durch Enzyme

87. Mechanische Untersuchungen von Stärkesystemen

870. Allgemeines

871. Viscosität

8711. Allgemeines, Apparate (Viscosimeter), Methodik, Theorie

8712. Suspensionen

8713. Lösungen und Kleister

8714. Konzentration und Viscosität

8715. Einfluß von Elektrolyten und sonstigen Stoffen

8716. Viscosität von Alkalilösungen und sonstigen Lösungsmitteln

8717. Viscosität von Stärkeabbauprodukten

872. Konsistenz und Elastizität

873. Sonstiges

88. <u>Optische Untersuchungen von Solen und Gelen</u>

880. Allgemeines

881. Lichtstreuung, Trübungsmessungen

882. Strömungsdoppelbrechung

883. Optische Drehung

884. Röntgenographische Untersuchungen

885. Mikroskopische Untersuchungen

886. Polarisation und Depolarisation

887. Sonstiges

89. <u>Elektrochemische und elektrische Untersuchungen</u>

890. Allgemeines

891. Leitfähigkeit

892. Dielektrische Eigenschaften

893. Polarographie

894. Sonstiges

9. Enzymatische Arbeiten

90. <u>Allgemeines</u>

91. <u>Amylasen und ihre Wirksamkeit</u>

910. Allgemeines

911. Bildung und Vorkommen

912. Gewinnung und Reinigung

913. Nachweis, Untersuchung, Eigenschaften

914. Adsorption und Komplexbildung

915. Wirkungsweise

916. Aktivitätsbeeinflussung

917. Methoden der Aktivitätsbestimmung

92. <u>Enzymatischer Stärkeabbau</u>

921. Angreifbarkeit der Stärke
922. Mechanismus und Kinetik der Stärkespaltung
923. Enzymatische Hydrolyse
924. Diastasen und ihre Wirkung
925. Maltasen und ihre Wirkung
926. Glucoamylasen und ihre Wirkung
927. Stärkeumwandlungen im tierischen Organismus
928. Stärkeumwandlungen im pflanzlichen Organismus

93. <u>Fermentative Abbauprodukte der Stärke</u>

930. Allgemeines
931. Dextrine
932. Schardinger-Dextrine
933. Maltose und Glucose
934. Stärkesirupe
935. Sonstiges

94. <u>Amylasen in der Industrie</u>

940. Allgemeines
941. Technische Stärkehydrolyse
  9411. Herstellung von Dextrose und Maltose, Patente
  9412. Glucoamylasen, Patente
  9413. Diastasen, Patente
942. Gärungsindustrie
  9421. Gerste und Enzyme
  9422. Mälzen
  9423. Würze
  9424. Malz und Malzamylasen
  9425. Brauerei
  9426. Brennerei
  9427. Sake - Koji
  9428. Sonstiges
943. Pektinindustrie
944. Mehl und Enzyme
945. Bäckerei
946. Textilindustrie
947. Papierindustrie
948. Sonstiges

95. <u>Spezielle Vergärungsprozesse</u>

951. Vergärbarkeit von Dextrinen

952. Aceton-Butanol-Gärung

953. Milchsäuregärung

954. Citronensäure-Gärung

955. Sonstige organischen Säuren

956. Sonstige organische Verbindungen

96. <u>Weitere Enzyme außer Amylasen</u>

961. Phosphorylasen und Phosphatasen

962. D-, Q-, R-, Z- und weitere Enzyme

963. Mikrobielle Stärkeisolierung

97. <u>Weitere Kohlenhydrate und Enzyme</u>

98. <u>Enzymatische Verdauung der Stärke</u>

99. <u>Verschiedenes</u>

General-Schlagwortverzeichnis

Die Ziffern hinter den alphabetisch geordneten Schlagworten weisen auf die Gruppen der Stärkesystematik hin, unter welchen das betreffende Fachwort eingeordnet ist. Diese Gruppenziffern stehen bei den Titellisten der Stärke-Bibliographie am oberen Rande jeder Seite und ermöglichen damit ein schnelles Auffinden eines gesuchten Sachverhaltes.

A

Abbau der Stärke, Alkaliabbau 623

\- - - , chemische Hydrolyse 65

\- - - , chemische Strukturbestimmungsmethode 733

\- - - , enzymatische Hydrolyse 92

\- - - , enzymatisch und Konstitution 735

\- - - , Ernährung und Verdauung 411

\- - - , Gärungsindustrie 415, 942

\- - - , Gärungsprozesse, spezielle 95

\- - - , Hydrolyse, chemische 65

\- - - , Hydrolyse, chemisch-technische 37, 38, 39

\- - - , Hydrolyse, enzymatische 92

\- - - , Kohlenhydratstoffwechsel im pflanzlichen Organismus 724

\- - - , Konstitutionsbestimmung 735

\- - - , Oxydation 66

\- - - , physikalische Einwirkungen auf Stärke 82

\- - - , technische Hydrolyselösungen 37

\- - - , Verdauung 4112, 98

\- - - , Vergärungsprozesse, spezielle 95

Abbau der Stärke, vgl. auch Abbauprodukte der Stärke
Abbauprodukte der Stärke, Bestimmung und Nachweis 57
- - - , chemische 3
- - - , Dextrine 36, 931
- - - , Dextrose (D-Glucose) 39, 933
- - - , Eigenschaften 83
- - - , enzymatische 93
- - - , fermentative 93
- - - , Glucose 39, 933
- - - , Konstitution 78
- - - , lösliche Stärke 33
- - - , Maltose 933
- - - , Nachweis und Bestimmung 57
- - - , Schardinger-Dextrine 783, 932
- - - , Stärkesirup 38, 934
- - - , Technologie 3
- - - , Patente allgemein 302
- - - , Verwendungsgebiete 4
- - - , Zucker und anderes 69, 935
- - - , vgl. auch Abbau der Stärke
Abfallstärke, Untersuchung 194
Absetzanlagen, Fluten bei Kartoffelstärke 154, 155
Absorptionsspektralanalyse, Stärkekorn 772
Abwässer bei Kartoffelstärke-Gewinnung 184
- , Reinigung und Verwertung 184
- bei Maisstärke-Gewinnung 247
- bei Weizenstärke-Gewinnung 215
- , fremde, Reinigung 473

Aceton-Butanol-Gärung 952
Acetylbromidabbau der Stärke 734
Acetylstärken 615
Additionsverbindungen 681
Adsorption der Stärkekohlenhydrate 744
Adsorptionseigenschaften, Stärkekorn 716
Äpfel, Stärkebestimmung 523
Äpfelpektin 943
Äther der Stärke 61
Äthylalkohol s. Alkohol
Agar-Agar 791
Aktivkohle für Reinigung von Hydrolyselösungen 3743
Algenstärke 791
Alkali und Stärke 62
Alkaliabbau von Stärke 623
Alkalilabilität, Bestimmung 566
Alkalilöslichkeit 62, 841
Alkalilösungen, Viscosität 8716
Alkaloide in der Kartoffel 117
Alkohol und Stärke, Gewinnung 181, 415
Alkoholgewinnung, Brennerei 4153, 9426
Alkoholgewinnung, Gärungsindustrie 415, 942
Allgemeines, mit Stärke zusammenhängende Fragen 0
Allylstärken 613
Altbackenwerden von Brot 4145
Altern, Lagerung, Lagerschäden 121
Alterung von Stärkesystemen, Retrogradation 862
Aminhaltige Stärkeverbindungen 67
Aminosäuren, Bestimmung 582

Aminosäuren und Kohlenhydrate 672
- der Kartoffel 115
Aminoverbindungen der Kartoffel 114, 115
- des Kartoffelfruchtwassers 1825
- , vgl. auch Proteine
Amperometrische Titration, Amylose 754
Amylasen, Abbau der Stärke 92
- , Abbauprodukte der Stärke 93
- , Adsorption und Komplexbildung 914
- , Aktivitätsbeeinflussung 916
- , Aktivitätsbestimmungsmethoden 917
- , Bildung und Vorkommen 911
- , Eigenschaften, Untersuchung 913
- , Gewinnung und Reinigung 912
- , in Industrie 94
- , Komplexbildung 914
- , Stärkeabbau 92
- , Stärkeabbauprodukte 93
- , Untersuchung 913
- , Vorkommen 911
- , Wirksamkeit 91
- , Wirkungsweise 915
Amylographen 8711
Amylopektin 343, 76
- , Fällungs- und Lösungsabtrennung 742
- , Fraktionierung 763
- , Fraktionierung, Technologie 341
- , Gewinnung, Technologie 343
- , Isolierung 763

Amylopektin, Jod-Verbindung 765
- , von Kartoffelstärke 762
- , Molekulargewicht 764
- , Reinigung 763
- , Struktur 764
Amylopektinstärken, spezielle 761
Amylose 34, 75
- , Derivate 758
- , Fällungs- und Lösungsabtrennung 742
- , Fraktionierung 752
- , Fraktionierung, Technologie 341
- , Gehaltsbestimmung 754
- , Gewinnung, Technologie 34
- , Isolierung 752
- , Jod-Verbindung 757
- , Komplexe 756, 757
- , kristallisierte 755
- , Lösungen, Technologie 342
- , Molekulargewicht 753
- , Nachweis 754
- , niedere 784
- , Reinigung 752
- , Struktur 753
Amylosehaltige Stärken 751
Analytik, Anwendung von Stärke 49
Analytische Verfahren 5
- - , Stärkenachweis 50
- - , Stärkebestimmung 51 - 55
- - , Stärkekennzeichnung 56

Analytische Verfahren, Stärkeabbauprodukte 57
- - , Stärkebegleitstoffe 58
- - , Nichtstärke-Polysaccharide 59
Anbau der Kartoffel 111
Anorganische Bestandteile der Kartoffel 114, 119
Anwendungsgebiete der Stärke 4
Äpfel, Stärkebestimmung 523
Apfelpektin 943
Appretieren 424
Appreturen, Stärkebestimmung 552
Appreturstärke, Patente 425
Arbeitsschutz 047
Aromen, Stärke 4187
Arrowroot-Stärken 27, 28, 29
Artfremde Stärken 79
Arzneimittel mit Stärke 4517
Asche, Bestimmung 565
Äther der Stärke 61
Äthylalkohol s. Alkohol
Aufbau, enzymatischer, Konstitutionsbestimmung 735
- und Konstitution der Stärke 7
- der Stärkekörner 715
Aufschließen vgl. Hydrolyse 37
Ausbeuteberechnung bei Kartoffeln 192
Ausbildung und Unterricht 012
Ausgiebigkeit der Kartoffelstärke 196
Ausrüsten (Textilindustrie) 424
Aussehen von Kartoffelstärke, Betriebskontrolle 197
Auswaschapparate 133

Auswaschapparate, Kontrolle 193
Auswaschen der Stärke, Kartoffelzerkleinerung 13
Azetyl s. Acetyl

B

Bäckerei, Amylasenanwendung 945
- und Müllerei 414
Backhilfsmittel 4146
Backpulver 4147
Backwaren, Altbackenwerden 4145
- , Stärkebestimmung 533
Bahia-Arrowroot 27
Bakterien-Kohlenhydrate 794
Bananenstärke 293
Bandtrockner 162
Batate, Bestandteile 281
- , Stärkegewinnung 282
Batatenstärke 28
- , Betriebskontrolle 283
- , Eigenschaftsuntersuchung 283
Bauwirtschaft, Anwendung von Stärke 471
Beeinflussung des Stärkegehaltes bei Pflanzen 725
Begleitstoffe der Stärke, Bestimmung 58
Beizzusätze 464
Benetzungswärme 812
Bergbau, Anwendung von Stärke 46
Bermuda-Arrowroot 291
Beschädigte Stärkekörner, Bestimmung 568
- - , mikroskopische Untersuchung 7144
Bestandteile, chemische, Stärkekorn 713

Bestimmungen, gesetzliche 06
Betriebskontrollen bei Kartoffelstärkefabrikation 19
Betriebswasser bei Kartoffelstärkegewinnung 132
Bierbrauerei 4155, 9425
Bildung der Stärke im pflanzlichen Organismus 72
- des Stärkekorns 711
Bindemittel 481
- für Brennstoffe 467
- , s. auch Klebstoffindustrie 44
Bindungen, verschiedene, in Stärke 731
Biologie der Stärke im pflanzlichen Organismus 72
Biosynthese, enzymatische, von Stärke 735
Blätter, Stärkebestimmung 524
Blau-Wert, Bestimmung 567
Bleichen von Kartoffelstärke 172
Blockstärke 314
Boden, Landwirtschaft, Stärkeanwendung 472
Bohrflüssigkeiten, Stärkeanwendung 466
Brasilianisches Arrowroot 27
Brauerei 4155, 9425
Brennerei (Alkoholgewinnung) 4153, 9426
Brennstoffe, Bindemittel auf Stärkegrundlage 467
Brennstoffindustrie, Anwendung von Stärke 46
Brockenstärke 314
Brot, Stärkebestimmung 533
- und Stärke 4144
- , Altbackenwerden 4145
Brotteige und Kleber 4143
Bücher 013

Bügelstärke 427

Butanol-Vergärungsprozeß 952

C

Caramel 4175

Cassavastärke 27

Cellulose bei Stärke, Bestimmung 581

- und Enzyme 97
- und Stärke, Konstitutionsfragen 704

Chemie der Stärke 6

Chemische Bestandteile des Stärkekorns 713

- Einwirkung auf Pflanzen, Stärke-Verhalten 7253
- Konstitution der Stärke 73
- Strukturbestimmungsmethoden 733

Chlor-Stärke 642

Chlorella-Stärke 791

Chromatographie, Stärkesäulen 495

Chromatographische Stärkefraktionierung 744

Citronensäure-Gärung 954

Colorimetrische Methoden 512

Couleur 4175

Curcumastärke 293

Cyclodextrine vgl. Schardinger-Dextrine 783, 932

D

Dampfdruck von Stärkelösungen 844

Dauergebäck 4148

D-Enzym 962

Depolarisation in Solen und Gelen 886

Derivate der Stärke 6

Dextrane sind nicht aufgenommen

Dextrinasen 931

Dextrine, Bestimmung 572

- , Eigenschaften 363, 834
- und Ernährung 4114
- , enzymatische Gewinnung 931
- , Herstellung, Technologie 361
- , Herstellung, Patente 362
- , Konstitution 78
- , Nachweis 572
- , Röstdextrine, Konstitution 782
- , nach Schardinger 783, 932
- , Technologie 36
- , Untersuchung 363
- , Vergärbarkeit 951
- , Zusatzmittel zu Speisen 417

Dextrose, Bestimmung 397, 573

- , Doppelverbindung mit NaCl 394
- , Eigenschaften 369
- , fermentatives Stärkeabbauprodukt 933
- , im Handel in Deutschland 054
- , im Handel verschiedener Staaten 055
- , Herstellung 391
- , Herstellung und Handel in Deutschland 054
- , Herstellung, Patente 3912
- , Hydrol 395
- , Industrie verschiedener Länder 032
- , Kristallisation 393
- , kristallisierte 393
- , Mutterlauge 395

Dextrose, NaCl-Doppelverbindung 394
- , Produktion und Handel 032, 054, 055
- , Reinigung 392
- , Sirup, fermentative Gewinnung 934
- , Sirup, Säurehydrolyse 38
- , Technologie 39
- , Untersuchung 397
- , Verhalten 396
- , Zusatzmittel zu Speisen 417
Dialdehydstärken 661
Diastasen 924, 9413
Dichte bei Kartoffeln 192
- der Stärke 811
Dickkochende Stärke, Technologie 354
Dielektrische Eigenschaften, Untersuchung 892
Dielektrizitätskonstante, Wassergehaltsbestimmung von Stärke 5615
Dioscoreastärke 293
DK-Methode, Wassergehaltsbestimmung von Stärke 5615
Dokumentation 02
Dokumentation und Information 021
Druckerei, Anwendung von Stärke 477
Druckfarben (Textilindustrie) 428
Düngung und Kohlenhydratstoffwechsel 7252
- und Stärkegehalt bei Kartoffeln 113
Dünnkochende Stärke, Eigenschaften 833
- - , Technologie 354
Dünnschichtchromatographie 495, 575

E

Einschlußverbindungen 681

Einweichen von Maiskorn 2441

Einwirkungen, physikalisch-chemische auf Stärke 82

Eiweiß in Kartoffeln 115

- bei Stärke, Bestimmung 582

- , Gewinnung aus Kartoffelfruchtwasser 1823

Eiweißwertigkeit, biologische, von Kartoffeln 115

Elastizität von Stärkesystemen 872

Elektrische Einwirkungen auf Stärke 827

- Leitfähigkeit, Untersuchung 891

- Untersuchungen 89

Elektrochemische Untersuchungen 89

Elektrodialyse, Stärkefraktionierung 743

Elektrolyse, Zusätze 465

Elektrolyte, Einfluß auf Viscosität 8715

Elektronenmikroskopie, Stärkestrukturen 7145

Elektrophorese, Stärkefraktionierung 743

Elektrophorese von Zuckern 576

Elemente, galvanische 483

Empfindlichkeit und Stabilität von Stärkesystemen 86

Emulsionen, Stärkezusatz 486

Endgruppenbestimmung, Strukturbestimmungsmethode, chemische 733

Entkeimen von Maiskorn 2442

Entschlichten und Schlichten 423

Entwicklung, Stärkekorn 711

Enzymatische Arbeiten 9

- Hydrolyse, Stärkebestimmung 516

- Stärkeabbauprodukte 93

- Stärkehydrolyse 923

Enzymatische Stärkeisolierung 963
- Stärkesynthese 722, 723
- Stärkeverdauung 98
Enzymatischer Stärkeabbau 92
- - , Konstitutionsbestimmung 735
Enzyme, Amylasen 91, 92, 93, 94
- , außer Amylasen 95, 96
- , Flockung von Stärkesystemen 864
Enzymmodelle 90
Erdölindustrie 46
Ergiebigkeit der Kartoffelstärke 196
Ernährung und Nährwert 411
- und Dextrine 4114
Eßwaren, Stärkebestimmung 53, 54

F

Fäden aus Stärke, Eigenschaften 855
Fällungstrennung von Amylose und Amylopektin 742
Farbenbindemittel 444
Farbreaktionen der Stärke 501
Farbstoffadsorption 7163
Feingebäck 4148
Fermente vgl. Enzymatische Arbeiten 9
Fette bei Kartoffeln 1181
- bei Stärke, Bestimmung 583
Fettprodukte, Stärke 4184
Feuerfeste Stärke 471
Feuerschutzmassen 471
Filme aus Stärke, Eigenschaften 855
- - - , Herstellung, Patente 475

Filteranordnungen 152
Filtration von Hydrolysenlösungen 3744
Flechtenstärke 792
Fleischwaren, Stärke und Stärkeprodukte 416
- , Stärkebestimmung 534
Fließeigenschaften 814
Flockenstärke 313
Flockung der Stärke durch Enzyme 864
- - - durch Zusätze 863
Flockungsmittel 473
Florideenstärke 791
Flotationsmittel 462
Flüssige Stärke, Technologie 355
Fluten bei Kartoffelstärke 15
Formaldehyd und Stärke 616
Formmassen, Formsand 463
Forschung und Forschungsberichte 07
Fortschrittsberichte 011
- , Stärke, Konstitution 705
Fraktionierung von Amylopektin 763
- von Amylose 752
- , chromatographische 744
- von Stärke 74
Freifließende Stärkemehle, Technologie 357
Fruchtkonserven 4174
Fruchtwasser bei Kartoffelstärkegewinnung 182
- , Abtrennung 132, 182
Fructose 691
Früchte und Samen, Stärkebildung und Vorkommen 7237

Früchte, Stärkebestimmung 523

Füllmittel 482

- bei galvanischen Elementen 483

Fütterungsversuche, spezielle 4116

Futterhefen, Kulturen auf Kartoffelfruchtwasser 1824

Futtermittel 419

- , Kartoffeln 4192

- , Gewinnung aus Kartoffelfruchtwasser 1823

- , Nährwert 4118

- , Pülpe 4193

- , Stärkebestimmung 547

G

Gärungsindustrie 415, 942

- , Aufschluß von stärkehaltigen Materialien, Patente 4152

Gärungsprozesse, spezielle 95

Gallerte, vgl. Gele von Stärke 854

Gallert-Festigkeitsprüfer, vgl. Stärke-Gele 854

Galvanische Elemente, Anwendung von Stärke 483

Gammastrahlen vgl. ionisierende Strahlen 823

Geformte Stärkeprodukte 31

Gelatinierte Stärke, Technologie 353

Gelatinierung von Stärke 854

Gelatinometer vgl. Stärke-Gele 854

Gele von Stärke 854

- - - , optische Untersuchungen 88

- - - , Technologie 353

Gelometer vgl. Stärke-Gele 854

Gemüse, Stärkebestimmung 536

Gemüsekonserven, Stärkebestimmung 536

Genußmittel, Stärkebestimmung 54, 544
Genußmittelindustrie 41
Gerberei 478
Gerste und Enzyme 9421
Gerstendiastase 9421
Gerstenstärke 23
- , Kleber 232
- , Stärkegewinnung 231
Geschichte der Stärke 091
Geschichtliche Fragen 09
Gesellschaftsberichte 08
Gesetzliche Bestimmungen 06
Gestrichene Papiere 435
Getränke 4175
Getreide, Kohlenhydratstoffwechsel 7243
- , Stärkebestimmung 522
- , Stärkebildung 7232
- , Stärkegewinnung 2
- , Wassergehaltsbestimmung 5617
Getreidekorn, Bestandteile 201
Getreideprodukte, Stärkebestimmung 532
Getreidestärken, Allgemeines 200
- , Gemeinsames bei Gewinnung 20
- , Gewinnung 202
- , Gewinnung, Patente 203
- , Nachbehandlung 204
- , Technologie 2
- , Trocknung 204
Gewürze, Stärke 4187

Gewürze, Stärkebestimmung 543
Gießereiformen, Anwendung von Stärke 463
Glanz, Kartoffelstärke, Betriebskontrolle 197
Glanzstärke 472
Glasieren von Nahrungsmitteln 4176
Glucoamylasen 926, 9412
D-Glucose vgl. Dextrose
Glutaminsäure, Gewinnung 205
Gluten von Getreide, allgemein 205
Glykogen, Bestimmung 591
- und Enzyme 97
- , Konstitution 795
Granulierte Kartoffelprodukte 4135
- Stärke, Technologie 312
Gravimetrische Methoden 514
Grenzdextrine 781, 931
Grieß aus Stärke, Technologie 312
Größenbestimmung, Stärkekorn 712

H

Halogen-Calcium-Stärke 642
Haltbarmachung von Kartoffelstärke 173
Handel, Stärke und Stärkezucker 05
Hefe, Stärkebestimmung 545
Hirsekorn 261
Hirsestärke 26
- , Stärkegewinnung 262
Hochfrequenztrocknung von Kartoffelstärke 165
Hochpolymere allgemein, Konstitutionsfragen 701
Hölzer (Rinden), Stärkebildung und Vorkommen 7238

Holzartige Gewebe, Stärkebestimmung 525
Holzleime 442
Honig, Dextrinzusatz 572
Hordentrockner 162
Hydratation bei Stärke 7162
Hydratationswärme 812
Hydrierung und Hydrolyse 654
Hydrocyclone bei Kartoffelstärke 144
Hydrol 395
Hydrolyse von Stärke 65
- durch anorganische Säuren 651
- durch Druckerhitzen 655
- , enzymatische 923
- , enzymatisch-technische 941
- und Hydrierung 654
- sonstiger Kohlenhydrate 658
- , kontinuierliche 373
- durch organische Verbindungen 653
- durch Salze 652
- , Stärkebestimmung 515, 516
- von stärkehaltigen Materialien, Patente 372
- , technische 37
- , Patente 371
- , vgl. auch Hydrolyselösungen von Stärke 37
Hydrolyselösungen von Stärke, Eigenschaften 375
- , Filtration 3744
- , Reinigung 374
- , Technologie 37
- , Untersuchung 375

Hydrolyselösungen, vgl. auch Hydrolyse von Stärke 65
Hydrolysenprodukte, Nachweis 657
- , Untersuchung 657
- , vgl. auch Hydrolyse, Hydrolyselösungen
Hydrophobe Stärken, Technologie 357, 358
Hydrozyklone vgl. Hydrocyclone

I

Identifizierung von Stärken 502
Imprägnierungen (Textilindustrie) 429
Indikator, Stärke 491
Industrie der Stärke verschiedener Länder 03
Industriekartoffel, allgemein 1102
Industrielle Probleme 04
Information und Dokumentation 021
Infrarot-Spektralanalyse 772
Infrarottrocknung von Kartoffelstärke 166
- , Wassergehaltsbestimmung 5613
Inklusion 681
Inulin 793
- , Bestimmung 592
Ionenaustausch bei Stärke 7155
Ionenaustauscher-Chromatographie von Zuckern 575
Ionenaustauscher für Reinigung von Dextroselösungen 3922
- - - von Hydrolyselösungen 3742
Ionisierende Strahlen, Einwirkung auf Mehle 4142
- - , - auf Stärke 823
Ionophorese, Stärkefraktionierung 743
Isolierung von Amylopektin 763
- - Amylose 752

Isolierung von Stärke im Labormaßstab 710

J

Jamaika-Arrowroot 291

Jod-Amylopektin-Verbindung 765

Jod-Amylose-Verbindung 757

Jodat-Bestimmung 493

Jod-Bestimmung 493

Jod-Farbgebung mit Nichtstärkestoffen 6415

Jodid-Bestimmung 493

Jodometrie 491, 492

Jod-Stärke 641

- , Absorptionsspektrum 6414
- , Charakterisierung von Stärken 6412
- , Konstitutionsfragen 6413
- , Reaktionsfragen 6413

Jod-Stärke-Reaktion 491-496

K

Käse, Stärke 4186

Kaffee, Kaffee-Ersatz 4181

Kakao, Kakao-Ersatz 4182

Karamel 4175

Karl-Fischer-Methode, Wassergehaltsbestimmung bei Stärke 5614

- , - bei Mehl und Getreide 5617

Kartoffel 11

- , Alkaloide 117
- , Aminosäuren 115
- , Anbau 111
- , anorganische Bestandteile 119

Kartoffel, Aschebestandteile 119
- , Ascorbinsäure 1161
- , Ausbeuteberechnung an Stärke 192
- , Auswaschen der Stärke 132
- , Bedeutung 1101
- , Chemikalien und Stärkegehalt 113
- , chemische Zusammensetzung 114
- , Chlorogensäure 1182
- , Düngung und Stärkegehalt 1112
- , Eigenschaften, Allgemeines 110
- , Eiweiß, Eiweißwertigkeit 115
- , Erzeugnisse, Stärkebestimmung 531
- , Fäulnis 121
- , Farbstoffe 1185
- , Fermente 1185
- , Fette und Lipoide 1181
- , Flocken 4134
- , Frosteinfluß 121
- , Fruchtwasser 182
- , Fruchtwasser, Gewinnung 1822
- , Futtermittel 4192
- , Geschichte 1101
- , Inhaltsstoffe 114
- , ionisierende Strahlen, Einflüsse 113, 121
- , Kohlenhydrate außer Stärke 1184
- , Kohlenhydratstoffwechsel 7242
- , Lagerung, Lagerschäden 121
- , Lipoide und Fette 1181
- , Mineralstoffe 119

Kartoffel, Nährwert 110
- , Nahrungsmittel daraus 413
- , Pektin 1183
- , Phosphorverbindungen 119
- , Physiologie 112
- , Polyphenole 1185
- , Proteine und sonstige N-Verbindungen 115
- , Qualität, allgemein 1102
- -Reiben 131, 193
- -Reibsel 131
- , Reinigung 122
- -Scheibchen 4136
- , Solanin 117
- , Sorten 1111, 114
- , Säuren, organische 1182
- , Stärkebestimmung 192, 521
- , Stärkebildung 7231
- , Stärkeertrag 1101
- , Umweltbedingungen und Stärkegehalt 113
- , Veredlung, allgemein 1102
- , Verwertung, allgemein 1102
- , Vitamine 116
- , Wachstumsbedingungen und Stärkegehalt 113
- -Walzmehl 4135
- , Waschen 122
- , Witterungseinflüsse und Stärkegehalt 113
- , Zerkleinerung 131
- , Zucker 1184
- , Zusammensetzung 114

Kartoffelstärke-Amylopektin 762
- , Ausbeutefragen 191, 192
- , Aussehen, Betriebskontrolle 197
- , Auswaschen 132
- , Auswaschapparate 133
- , Bestimmung 192
- , Eigenschaftsuntersuchung 19
- , Ergiebigkeit (Viscosität) 196
- , Fabrikation vgl. Kartoffelstärkegewinnung 1
- -Gewinnung 1
- - , Anlagen 102
- - , Ausgangsmaterial: Kartoffel 11
- - , Auswaschapparate 132, 133
- - , Betriebskontrolle 19
- - , Energiebedarf 102
- - , Nachbehandlung 17
- - , Patente, allgemein 101
- - , Reinigung 15
- - , Trocknung 16
- , Glanz, Betriebskontrolle 197
- , Industrie vgl. Kartoffelstärkegewinnung 1
- , Milchtabellen 195
- , Nachbehandlung 17
- , Reinigung 15
- , Technologie 1
- , Viscosität (Ergiebigkeit) 196
Kastanie, Stärkebildung und Vorkommen 7234
Kataphorese, Stärkefraktionierung 743
Kationenstärke 7155

Keimentfernung bei Mais 2442
Keimgehalt der Stärke 044
Keimöl von Weizen 215
- - - , Patente 213
Kernbindemittel 463
Kesselspeisewasser 485
Kindernährmittel 4123
Klärmittel 473
Kleber und Brotteige 4143
- bei Getreiden 205
- von Mais 246
- von Roggen 222
- bei Stärke, Bestimmung 582
- von Weizen 214
Klebpapiere 439
Klebstoffe, Herstellung, Patente 441
- für spezielle Zwecke 443
- und Farben 444
- , Untersuchung und Beurteilung 445
Klebstoffindustrie 44
Kleister von Stärke 85
- , Eigenschaften 853
- , Technologie 352
- , Viscosität 871
Knollengewächse, Kohlenhydratstoffwechsel 7242
- , Stärkebildung und Vorkommen 7231
Koagulation vgl. Flockung 683, 864
Kohle, Trennung von Zuckern 575
Kohlenhydrate allgemein, Konstitutionsfragen 702

Kohlenhydrate bei Bakterien, Konstitution 794
- bei Pilzen, Konstitution 794
- und Proteine, Ernährung 4115
- , stärkeähnliche 79
- , nicht Stärke und Enzyme 97
Kohlenhydratgemische, Trennung und Nachweis 570
Kohlenhydratstoffwechsel und Düngung 7252
- im pflanzlichen Organismus 724
Koji 9427
Kolbenhirsestärke 260
Kolloidchemie der Stärke und Stärkelösungen 8
Kolloidwirkung der Stärke 813
Kolorimetrie vgl. Colorimetrie 512
Komplexe der Amylose 756, 757
Komplexverbindungen 681
Kondensationsprodukte 683
Konditoreiwaren 4172
Konserven 4183
Konservieren von Kartoffelstärke 173
Konsistenz von Stärkesystemen 872
Konstanten, physikalisch-chemische, der Stärke 81
Konstitution von Dextrinen und anderen Abbauprodukten 78
- der Stärke 7
Konstitutionsaufklärung mit chemischen Methoden 73
- - physikalischen Methoden 77
Kontinuierliche Stärkehydrolyse 373
Kontrollen und Qualität bei Kartoffelstärke 191
Kornbildung und Entwicklung 711
Korngröße, Bestimmung 712

Kornhülle und Schichtung 7152

Korrodierte Stärkekörner in Mehl 4142

- - , mikroskopische Untersuchung 7144

Korrosionsschutz 463

Kosmetische Erzeugnisse mit Stärke 4513 - 4516

Krankheiten der Pflanze, Stärkegehalt 7254

Kristallisierte Amylose 745

Kristallisierte Dextrose 393

Kristallstärke, Technologie 356

Kryolyse 826

Kulör 4175

Kulturbedingungen und Stärkegehalt 725

Kulturböden 453

Kunstfaser-Spinnerei 474

Kunstmassen 683

L

Lacke, Überzüge 476

Lagerung von Kartoffeln, Lagerschäden 121

- von Kartoffelstärke, Haltbarmachung 173

- und Transport 045

Laminarin 791

Landwirtschaft, Anwendung von Stärke 472

Lebensmittel, Stärkebestimmung 53, 54

Leguminosen, Kohlenhydratstoffwechsel 7244

- , Stärkebildung 7233

Leime für Farben 444

- - Holz 442

Leimung (Papierindustrie) 434

Leitfähigkeit, elektrische, Untersuchung 891

Lichenin 792

- , Bestimmung 593

Lichtstreuung in Solen und Gelen 881

Lintner-Stärke vgl. lösliche Stärke 832

Lipoide bei Kartoffeln 1181

- bei Stärke, Bestimmung 583

Literatur, allgemeine 01

- vor 1865 092

- -Erfassung 021

Lösliche Stärke, Eigenschaften 832

- - , Herstellungsfragen 331

- - , Herstellung, Patente 332

- - , Prüfung 333

- - , Technologie 33

- - , Untersuchung 333

Löslichkeit von Stärke 841

Lösungen von Stärke, Technologie 355

- - - , vgl. auch Stärkelösungen

Lösungsmittel für Stärke 841

Lösungstrennung von Amylose und Amylopektin 742

Lösungsvorgang von Stärke 842

Lösungswärme von Stärke 812

Lösungszustand von Stärke 842

Lufttrocknung von Kartoffelstärke 162

M

Mälzen 9422

Maillard-Reaktion 672

Maische, Stärkebestimmung 546

Maischen 9424, 9426

Maiskleber 246
Maiskorn, Bestandteile 241
- , Einweichen 2441
- , Entkeimen 2442
- , Naßmahlung 2443
- , Quellwasser 2441
Maisstärke 24
- , Abwasserfragen 247
- , Betriebskontrolle 248
- , Eigenschaftsuntersuchung 248
- , Gewinnung 242
- , - , Patente 243
- , Nachbehandlung 245
- , Nebenprodukte 247
- , Trocknung 245
Maisstärkedextrose, Technologie 3913
Maisstärkesirup, Technologie 3813
Malerleim 444
Maltasen 925
Maltose, Bestimmung 573
- , fermentatives Stärkeabbauprodukt 933
Malz und Malzamylase 9424
- , Stärkebestimmung 546
Malzgerste 9421
Manihotstärke 27
Maniokastärke 27
- , Betriebskontrolle 273
- , Eigenschaftsuntersuchung 273
- , Stärkegewinnung 272

Maniokawurzel 271

Marantastärke 291

Margarine, Stärkebestimmung 535

Marmeladen 4174

- , Stärkebestimmung 573

Mayonnaise, Stärkezusatz 4185

- , Stärkebestimmung 542

Mechanische Einwirkungen 821

- Untersuchungen von Stärkesystemen 87

Medizin und Stärke 452

Mehl 4142

- , Stärkebestimmung 532

- , Wassergehaltsbestimmung 5617

Metallurgie, Anwendung von Stärke 46

Methoden der Stärkebestimmung 51

Methylierung, Strukturbestimmungsmethode 733

Methylstärken 612

Mikrobielle Stärkeisolierung 963

Mikroflora der Stärke 044

Mikroskopische Untersuchungen von Solen und Gelen 885

- Kennzeichnung von Stärkekörnern 7143

- Strukturuntersuchungen 714

- Technik 7141

Milchprodukte, Stärkebestimmung 535

Milchsäure-Gärung 953

Milostärke 260

Modifizierte Stärken, allgemein, Patente 303

- - , Eigenschaften 83

- - , Technologie 3

Mohrenhirsestärke 260

Molekulargewicht von Amylopektin 764

- von Amylose 753

- nach physikalisch-chemischen Methoden 774

Müllerei und Bäckerei 414

N

Nachbehandlung von Kartoffelstärke 17

- , Bleichen 172

- , Konservieren 173

- , Sichten 171

- , Sterilisieren 173

Nach- und Nebenprodukte bei Kartoffelstärkegewinnung 18

Nachspeisen 4124

Nachweis von Amylose 754

- von Stärke 50

Nährmedien 453

Nährmittel 412, 4122

Nährwert 411, 4117

Nahrungsmittel 412, 4122

- -Industrie 41

- aus Kartoffeln 413

- , Stärkebestimmung 53, 54

Naßmahlung von Maiskorn 2443

Natal-Arrowroot 291

Nebenprodukte der Kartoffelstärkegewinnung 18

Nitrostärken 631

- , Eigenschaften 6311

- , Herstellung 6311

- , Patente 6312

Normen 061, 062

O

Oligosaccharide, Konstitutionsfragen 703

Optische Drehung 883

- Untersuchungen von Solen und Gelen 88

Organische Lösungsmittel, Bindung 681

- Säuren, Vergärungsprodukte 955

- Verbindungen, Vergärungsprodukte 956

Organismus, pflanzlicher, Bildung und Biologie der Stärke 72

- , - , enzymatische Stärkeumwandlungen 928

- , - , Kohlenhydratstoffwechsel 724

- und Stärke 4113

- , tierischer, enzymatische Stärkeumwandlungen 927

Osmotischer Druck von Stärkelösungen 844

Oxydation von Stärke 66

- - - durch Chromsäure 664

- - - durch Halogen und Halogensäuren 663

- - - durch Perjodat 661

- - - , Strukturbestimmungsmethode 733

- - - durch Wasserstoffsuperoxyd 662

Oxydationsprodukte von Stärke 667

Oxystärken 66

- , Untersuchung 666

P

Papier und Stärke 431

- , Stärkebestimmung 551

Papierchromatographie von Zuckern 576

Papierindustrie 43

- , Amylasenanwendung 947

Papierklebstoffe 439

Papierleimung 434

Papiermacherstärke, Herstellung 432

- , Untersuchung und Beurteilung 433

Papiersorten, spezielle 437

Papierzusätze 436

Para-Arrowroot 27

Pasten (pharmazeutisch, kosmetisch) 4524

- und Kleister, Technologie 352

Patente, Stärkegewinnung, allgemein 041

Pektin in Kartoffeln 1183

Pektinindustrie 943

P-Enzym 961

Perjodatoxydation 661

Pfeilwurzstärke 291

Pflanzen, Stärkebestimmung 520

- , bestimmte, Stärkekonstitution 722

Pflanzlicher Organismus, Bildung und Biologie der Stärke 72

- - , Kohlenhydratstoffwechsel 724

- - , enzymatische Stärkeumwandlungen 928

Pfropfcopolymere 682

Pharmazeutische Präparate, Stärkebestimmung 553

- Praxis 451

Pharmazie, Medizin, Reinigungsmittel 45

Phosphatasen 961

Phosphor in Kartoffeln 119

- in Stärke 713

- - - , Bestimmung 562

Phosphorsäure in Stärke, Bestimmung 562

Phosphorsäureester der Stärke 633

Phosphorylasen, Wirkung 735, 961
Photographie, Anwendung von Stärke 479
Photosynthese 721
pH-Wert bei Stärke, Bestimmung 564
Physikalisch-chemische Konstanten der Stärke 81
Physikalische Einwirkungen auf Stärke 82
- Methoden, Konstitutionsaufklärung 77
Pillen (pharmazeutisch) 4512
Pilzamylasen 911
Pilze, Kohlenhydrate 794
Plättstärke 427
Plastometer 872
Pneumatische Schnelltrocknung (Kartoffelstärke) 164
Polarimetrie von Solen und Gelen 883
Polarimetrische Methoden 511
Polarisation in Solen und Gelen 886
Polarisationsmikroskopische Untersuchungen 7142
Polarisiertes Licht, Einwirkung auf Stärke 824
Polarographie, Untersuchungen 893
Poliermittel 454
Polyamylosen, Konstitution 784
Polysaccharide, Konstitutionsfragen 703
- , nicht-Stärke, Bestimmung 59
- , synthetische (nicht-Stärke) 796
Produktion und Wirtschaft 03
Proteine von Getreide, allgemein 205
- in Kartoffeln 115
- und Kohlenhydrate, Ernährung 4115
- bei Mais 246
- und Stärke 671

Proteine bei Stärke, Bestimmung 582
- bei Weizen 214
Puddings 4124
Puddingmehl, Eigenschaften 3513
- , Herstellungsfragen 3511
- , Technologie 351
- , Technologie, Patente 3512
- , Untersuchung 3513
Puddingstärke vgl. Puddingmehl 351
Puder (kosmetisch) 4513
Pülpe als Futtermittel 4193
- bei Kartoffelstärkegewinnung 183
- , Untersuchung 193
Pyrodextrine, Konstitution 782

Q

Q-Enzym 962
Qualität und Kontrolle bei Kartoffelstärke 191
Qualitativer Stärkenachweis 50
Quellstärke, Eigenschaften 831
- , Herstellung, Patente 321
- , Technologie 32
- , Untersuchung 322
Quellung des Stärkekorns 7154
- - - , mikroskopische Verfolgung 7146
Quellungswärme 812
Quellwasser bei Maiskorn 2441

R

Reduktionswert, Bestimmung 574
Reduzierende Zucker, Bestimmung 574
Reiben für Kartoffeln 131, 193
Reibsel, Herstellung, Kartoffelzerkleinerung 131
- , Untersuchung 193
Reinigung von Amylopektin 763
- von Amylose 752
- von Dextrose 392
- von Kartoffeln 122
- von Rohstärke 15
- von Stärkehydrolyselösungen 374
- von Stärkesirupen 382
Reinigungsmittel, Anwendung von Stärke 454
Reinigungsverfahren allgemein bei Hydrolyselösungen 3741
Reiskorn, Bestandteile 251
Reisstärke 25
- , Gewinnung 252
- , - , Patente 253
- , Nebenprodukte 254
R-Enzym 962
Retrogradation von Stärkesystemen 862
Rhizome und Wurzeln, Stärkebildung und Vorkommen 7236
Rispenhirsestärke 260
Röntgenographische Untersuchung von Solen und Gelen 884
- - des Stärkekorns 771
Röntgenstrahlen, Stärkeabbau 823
Röstdextrine, Konstitution 752
- , Technologie 36
Roggenstärke 22

Roggenstärke, Kleber 222
 - , Stärkegewinnung 221
Rohfaser bei Stärke, Bestimmung 581
Rohstärke bei Kartoffeln, Gewinnung 14
 - - - , Reinigung 15
Rohstofffragen, allgemein 046
Roßkastanie, Stärkebildung 7234

S

Säuglingsnahrung 4123
Säulenchromatographie von Zuckern 575
Säuren, organische, in Kartoffeln 1182
Säuregehalt bei Stärke, Bestimmung 563
Säurehydrolyse der Stärke 37 - 39, 65
 - , Stärkebestimmung 515
Sago, Technologie 311
Sagostärke 292
Sake 4154, 9427
Salben (pharmazeutisch, kosmetisch) 4514
Salpetersäureester der Stärke 631
 - - - , Herstellung 6311
 - - - , Patente 6312
Samen und Früchte, Stärkebildung und Vorkommen 7237
Sand, Bestimmung 565
Schädlinge, Landwirtschaft 472
Schardinger-Dextrine 932
 - , Konstitution 783
Schaum und Schaumbekämpfung 043
Schichtung und Kornhülle 7152
Schimmelpilze, Kohlenhydrate 794

Schlammstärke von Kartoffeln, Untersuchung 194
Schlichten und Entschlichten 423
- , Stärkebestimmung 552
Schlichterei 421
Schlichtstärke, Patente 422
Schokolade, Stärkebestimmung 541
Schutzkolloid 484
Schwämme aus Stärke 4515
Schwefelsäureester der Stärke 632
Schweflige Säure, Bestimmung bei Stärke 563
- - , Zusatz bei Kartoffelstärke 156
Sedimentation von Stärke 861
Seifen, Anwendung von Stärke 454
Separatoren bei Kartoffelstärke 141, 142, 143
Sichten von Kartoffelstärke 171
Siebapparate für Stärkemilch 152
Siebe, Stärkeauswaschapparate bei Kartoffeln 133
Sirup, Gewinnung, enzymatische 934
- , - , Säurehydrolyse, kontinuierliche 373
- aus Stärke, Technologie 38
- , vgl. auch Stärkesirup
SO_2, Bestimmung bei Stärke 563
Solanin in Kartoffeln 117
Sole vgl. Stärkelösungen
Sorbit 656
Sorghumstärke 260
Sorptionseigenschaften des Stärkekorns 716
Speichelamylase 911
Speiseeis 4173

Speisestärke vgl. Puddingmehl 351
Spezialgebäcke 4148
Spezialpräparate (Arzneimittel) 4517
Spezialstärkeprodukte, Technologie und Verwendung 4
Spezifisches Gewicht bei Kartoffeln 192
- - , Stärke 811
Spezifische Wärme 812
Spinnerei, Kunstfasern 474
Sprengstoffe 461
Stabilisator bei Speisen, Stärke 4188
Stabilität und Empfindlichkeit von Stärkesystemen 86
Stärkeabbau, Alkaliabbau 623
- , chemische Hydrolyse 65
- , chemische Strukturbestimmungsmethode 733
- , enzymatische Hydrolyse 92
- , enzymatisch, Konstitutionsbestimmung 735
- , Ernährung und Verdauung 411
- , fermentativer 92
- , Gärungsindustrie 415, 942
- , Hydrolyse, chemische 65
- , - , chemisch-technische 37, 38, 39
- , - , enzymatische 92
- , Kohlenhydratstoffwechsel im pflanzlichen Organismus 724
- , Konstitutionsbestimmung 735
- , Mechanismus und Kinetik 922
- , Oxydation 66
- , Verdauung 4112, 98
Stärkeabbauprodukte, Bestimmung 57
- , chemische 3

Stärkeabbauprodukte, Dextrine 36, 931

- , Dextrose (D-Glucose) 39, 933
- , Eigenschaften 83
- , enzymatische 93
- , Glucose 39, 933
- , Konstitution 78
- , lösliche Stärke 33
- , Maltose 933
- , Nachweis 57
- , niedermolekulare 69
- , Schardinger-Dextrine 783, 932
- , Stärkesirup 38, 934
- , Technologie 3
- , Technologie, Patente 302
- , Verwendungsgebiete 4
- , Viscosität 8717
- , Zucker und anderes 69, 935

Stärke, Abtrennung aus Stärkemilch 141, 142, 143, 144

Stärkeacetate 615

Stärkeähnliche Kohlenhydrate, Konstitution 79

Stärkeäther 61, 611

- , Herstellung 6111
- , Patente 6112
- , N enthaltend 6113

Stärke und Alkohol-Gewinnung 181

- , allgemein 012
- und Aminosäuren 672
- , Amylasenempfindlichkeit 921
- , analytische Bestimmung und Untersuchung 5

Stärke, Angreifbarkeit, enzymatische 921
- , Anwendung in der Analytik 49
- , - im Bergbau 46
- , - in der Erdöl- und Brennstoffindustrie 46
- , - bei Futtermitteln 4191
- , - in der Klebstoffindustrie 44
- , - in der Medizin 45
- , - in der Metallurgie 46
- , - in der Nahrungs- und Genußmittelindustrie 41
- , - in der Papierindustrie 43
- , - in der Pharmazie 45
- , - bei Reinigungsmitteln 45
- , - in der Textilindustrie 42
- , artfremde, Konstitution 79
- , Aufbau, enzymatisch und Konstitution 725
- , Begleitstoffe, Bestimmung 58
- , Bestimmung in Lebensmitteln 53, 54
- , - in Nahrungsmitteln 53, 54
- , - in pflanzlichen Materialien 52
- , - in verschiedenen Materialien 55
- , - , Methoden 51, 56
Stärkebildung im pflanzlichen Organismus 72, 735
- und Temperatur 7251
Stärkebiologie im pflanzlichen Organismus 72, 735
- , Biosynthese 72, 735
Stärke und Brot 4144
- und Cellulose, Konstitutionsfragen 704
Stärkechemie 6
- , chemische Konstitution 73

Stärkechemie, chemische Strukturbestimmungsreaktionen 733
- , sonstige chemische Reaktionen und Konstitution 734
- , enzymatischer Auf- und Abbau der Stärke 735
Stärkederivate 6
- , Alkali 62
- , anorganische Derivate 63
- , Halogene 64
- , N-haltige 6113, 67, 673
- , organische Derivate 61
- , Patente, allgemein 602
- , Übersichten 601
- als Zusatzmittel zu Speisen 417
Stärke, dickkochende, Technologie 354
Stärkedispersionen, Technologie 355
Stärke, Dokumentation 02
- , dünnkochende, Technologie 354
- , Einwirkungen, physikalische 82
Stärkeester mit anorganischen Säuren 63
- - organischen Säuren 61, 614
- , Herstellung 6141
- , Patente 6142
Stärkefäden, Eigenschaften 855
Stärke, Farbreaktionen 501
Stärkefilme, Eigenschaften 855
- , Herstellung, Patente 475
Stärkeflocken, Technologie 313
Stärkeformiate 616
Stärke, Forschung 07
- , Fortschritte und Gewinnung 042
- , Fraktionierung 74

Stärke, Futtermittel, Futtermittelzusatz 4191
Stärkegehalt, Ausbeuteberechnung, Kartoffeln 192
- , Bestimmung und Nachweis 5
- bei chemischer Einwirkung auf Pflanzen 7253
- und Düngung 7252
- von Kartoffeln und Düngung 1112
- - - - Umweltbedingungen 113
- und Krankheit der Pflanzen 7254
- und Temperatur 7251
Stärkegehaltsprüfer 192
Stärke, gelatinierte, Technologie 353
Stärkegele, Eigenschaften 854
Stärkegelelektrophorese 496
Stärkegele, Technologie 352
Stärke, Geschichte 09
- , Gewinnung, allgemein 040
- , - , enzymatisch 963
- , - bei Getreide 2
- , - aus Kartoffeln 1
- , - im Labormaßstab 710
- , - bei Tropenpflanzen 27 - 29
Stärkehaltige Materialien, Hydrolyse, Patente 372
- - , Verkochung 4151, 4152
Stärkehandel 05
Stärkehydrolyse 65
- , Technologie, Patente 371
Stärkehydrolyselösungen, Technologie 37
Stärke, hochamylopektinhaltige 761
- , hochamylosehaltige 751
- , Identifizierung 502

Stärke, Industrie verschiedener Länder 031
- , Industrielle Probleme, allgemein 04
- , Isolierung, enzymatisch 963
- , - im Labormaßstab 710
Stärkekennzeichnung, analytische 56
- , Kartoffelstärke, Betriebskontrolle 19
Stärkekleister, Eigenschaften 85, 853
- , Technologie 351
- , Viscosität 87
Stärkekohlenhydrate, chemische Konstitution 73
Stärke, Kolloidchemie 8
- , Konstanten, physikalisch-chemische 81
- , Konstitution 7
- , Konstitutionsaufklärung mit chemischen Methoden 73
- , - mit physikalischen Methoden 77
Stärkekorn 71
Stärkekörner, beschädigte, Bestimmung 568
Stärke, Lagerung und Transport 045
- , Literatur, allgemeine 01
Stärkelösungen, Alterung 862
- , Dampfdruck 844
- , Eigenschaften 843
- , Kolloidchemie 8, 84
- , Lösungsmittel, Löslichkeit 841
- , Lösungsvorgang, Lösungszustand 842
- , optische Untersuchungen 88
- , osmotischer Druck 844
- , Technologie 355
- , Viscosität 8713

Stärkelösungen, Zustandsänderungen (Alterung) 862
Stärkemehle, freifließende, Technologie 356
Stärkemilch, Gewinnung bei Kartoffeln 133
Stärkemilchtabellen 195
Stärke, modifizierte, Eigenschaften 83
- , - , Technologie 35
Stärkenachweis, qualitativ 50
Stärke, nicht quellende, Technologie 358
Stärkenitrate 631
- , Herstellung 6311
- , Patente 6312
Stärke und Organismus 4113
- , Oxydation 66
Stärkepasten, Technologie 352
Stärke, Patente, allgemein 041
Stärkephosphate 633
Stärkeprodukte, geformte 31
- , Technologie 3
- , - , Patente 301
Stärke, Produktion und Wirtschaft 03
- und Proteine 67, 671
Stärkequellung, mikroskopische Verfolgung 7146
Stärke, Rohstofffragen, allgemein 046
Stärkesäulen für Chromatographie 495
Stärkeschwämme 4515
Stärkesirup, Beimengungen 387
- , Bestimmung 571
- , Durchsichtigkeit 385
- , Eigenschaften 384
- , enzymatische Gewinnung 934

Stärkesirup, Fremdstoffe 387
- , Herstellung 381
- , Herstellung, Patente 3812
- , Industrie verschiedener Länder 031
- , Zusammensetzung der Kohlenhydrate 386
- , Lagerungseinflüsse 384
- , Nachweis 571
- , Reinigung 382
- , Technologie 38
- , Trockensubstanz 387
- , Trübungen 384
- , Untersuchung 385
- , Verfärbung 384
- , Viscosität 384
- , Wassergehalt 385
- , Zusatzmittel zu Speisen 417
Stärke, Spezialprodukte, Technologie 4
- , Strukturbestimmungsmethoden, chemische 733
- , - , physikalische 77
Stärkesulfate 632
Stärkesysteme, Elastizität 872
- , Empfindlichkeit und Stabilität 86
- , Konsistenz 872
- , mechanische Untersuchung 87
- , Stabilität und Empfindlichkeit 86
- , Viscosität 871
Stärke, Tagungen 08
- , Technologische Fragen 042
- , Teilpräparate, Stärkefraktionierung 741

Stärke, Terminologie 02
- , tropische 26, 27, 28, 29
- , Übersichts- und Fortschrittsberichte 705
- , Umwandlungsprodukte, allgemein, Patente 303
- , Unterscheidung 502, 530
- , Untersuchung und analytische Bestimmung 5
- , Verhalten in Pflanzen unter besonderen Bedingungen 765
- , Verwendungsgebiete 4
Stärkewaage 192
Stärke, wasserwiderstandsfähige, Technologie 358
Stärkewert 4118
- von Kartoffeln 192
Stärkexanthogenate 622
Stärkezucker vgl. Dextrose 39
Stärkezuckerhandel 05
Standardisierungsfragen 061
Standards verschiedener Staaten 062
Staubexplosionen 047
Sterilisieren von Kartoffelstärke 173
Steuern 056
Strahlenstärke 314
Streckungsmittel, Stärke 418
Strömungsdoppelbrechung in Solen 882
Struktur von Amylopektin 764
- von Amylose 753
- , Bestimmungsmethoden, chemische 733
- , innere der Stärkekörner 715, 7151
- , Untersuchungen, mikroskopische 714
St.-Vincent-Arrowroot 291

Submikroskopische Strukturen, Stärkekorn 7145

Suspensionen von Stärke, Stabilität 861

- - - , Viscosität 8712

Süßkartoffelstärke 28

Süßwaren 4172

- , Stärkebestimmung 541

Synthetische Polysaccharide (nicht Stärke) 796

T

Tabletten (pharmazeutisch) 4512

Tafelstärke 314

Tagungen 08

Tapioka, geformte Produkte 311

Tapiokastärke 27

Tarostärke 293

Technologie der Getreidestärken 2

- der Kartoffelstärke 1

- der Stärkeprodukte und Abbauprodukte 3

Technologische Probleme 04

Teilchengröße nach physikalisch-chemischen Methoden 774

Tellertrockner 162

Temperatur und Stärkebildung 7251

- , Einwirkung auf Stärke 825, 826

Terminologische Fragen 022

Textilfarben 428

Textilien, Stärkebestimmung 552

Textilindustrie, Anwendung von Stärke 42

- , Amylasenanwendung 946

Textilstärke, Untersuchung und Beurteilung 426

- vgl. Schlichten 421 - 423, Appreturen 424, 425

Thermische Einwirkungen 825, 826
Tonbohrschlamm, Anwendung von Stärke 466
Transport von Stärke 045
Trennschleudern bei Kartoffelstärke 141, 142, 143
Trockenkartoffeln 4133
Trockenschrankmethode, Wasserbestimmung 5612
Trockensirup 383
Trockenstärkesirup 383
Trocknung von Kartoffelstärke 16
- , Hochfrequenztrocknung 165
- , Infrarottrocknung 166
- , Lufttrocknung 161, 162
- von Maisstärke 245
- , pneumatische Schnelltrocknung 164
- , Vakuumtrocknung 163
Tropische Stärken 26, 27, 28, 29
Trübungsmessung in Solen und Gelen 881

U

Übersichtsberichte, Stärke, Konstitution 705
Überzogene Papiere 435
Überzüge, Lacke 476
- bei Lebensmitteln 410
Ultraschall, Einwirkung auf Stärke 822
Ultraviolett, Einwirkung auf Stärke 824
Umwandlungsprodukte der Stärke, Patente 303
Umweltbedingungen und Stärkegehalt bei Kartoffeln 113
Unterricht und Ausbildung 012
Unterscheidung von Stärken 502, 530

V

Vakuumtrocknung 163

Veränderte Stärken, Technologie 3

- - , allgemein, Patente 303

Verbessern von Kartoffelstärke 173

Verdaulichkeit, Verdauung 4112

Verdauung 98

Verdickungsmittel bei Zeugdruck 428

Verfälschungsmittel, Stärke 418

Vergärungsprozesse, spezielle 95

Verkleisterungsgrad 853

Verkleisterungstemperatur 852

Verkleisterungsvorgang von Stärke 851

Verteilungschromatographie 575, 576

Verwendungsgebiete der Stärke 4

Verzuckerung vgl. Hydrolyse 37

Viscosimeter 8711

Viscosität von alkalischen Lösungen 8716

- , Apparate 8711

- , Elektrolyteinfluß 8715

- , Ergiebigkeit der Kartoffelstärke 196

- , Konzentrationseinfluß 8714

- , von Lösungen und Kleister 8713

- , Messung 8711

- , Methodik 8711

- , nicht wässerige Lösungen 8716

- von Stärkeabbauprodukten 8717

- von Stärkesystemen 871

- , Theorie 8711

Vitamine in Kartoffeln 116

Volumetrische Methoden 513

Vorschriften, gesetzliche 06

Vorverkleisterte Stärke, Technologie 352

W

Wachsmaisstärke 761

Wachstum, Stärkekorn 711

Wäschestärke 427

Waschen von Kartoffeln 122

Wassergehalt, Bestimmung 561

Wasserklärung 473

Wasserreinigung 473

Wassersorption bei Stärke 7162

Wasser im Stärkekorn 7153

Wasserstoffionenkonzentration bei Stärke 564

Wasserunlösliche Stärken, Technologie 358

Wasserwiderstandsfähige Stärken, Technologie 358

Waxy-Stärken 761

Weißgehalt von Kartoffelstärke, Betriebskontrolle 197

Weizenkeimöl 215

Weizenkleber 214

Weizenkorn, Bestandteile 211

Weizenstärke 21

- , Abwasserfragen 215
- , Allgemeines 210
- , Betriebskontrolle 216
- , Eigenschaftsuntersuchung 216
- , Gewinnung 212
- , - , Patente 213

Weizenstärke, Nebenprodukte 215

Wellpappe 438

Wörterbücher 022

Wurzeln und Rhizome, Stärkebildung und Vorkommen 7236

X

Xanthogenate der Stärke 622

Y

Yuccastärke 27

Z

Zamiastärke 293

Zein, Gewinnung 246

Zeitschriften 014

Z-Enzym 962

Zerkleinerungsapparate für Kartoffeln 131

Zeugdruck 428

Zitronensäure-Gärung 954

Zölle 056

Zucker, Bestimmung 574, 575, 576

Zuckerersatz, Sirup, Dextrin 4176

Zucker, Konstitutionsfragen 703

Zuckerrohr, Stärkebildung 7235

Zuckersäuren, Stärkeabbauprodukte 691

Zucker, Stärkeabbauprodukte 691

Zusätze, Flockung von Stärkesystemen 863

Zwiebeln, Stärkebildung und Vorkommen 7236

FSC
www.fsc.org
MIX
Papier | Fördert gute Waldnutzung
FSC® C083411

Zeitfracht Medien GmbH
Ferdinand-Jühlke-Straße 7
99095 Erfurt, Deutschland
produktsicherheit@kolibri360.de